MÁQUINAS GRANDES

# MÁQUINAS GRANDES PARA EL CAMPO

De Tracy Nelson Maurer
Traducción de Pablo de la Vega



Un libro de El Semillero de Crabtree

## ÍNDICE



CRABTREE
Publishing Company
www.crabtreebooks.com

093
310

# Máquinas grandes para el campo

La máquinas grandes para el campo, como las que se usan en las **granjas**, hacen mucho ruido.

Un tractor avanza por el campo.

Las ruedas del tractor se arrastran sobre el lodo.

**El motor del tractor ruge mientras trabaja.**

Una segadora corta el trigo. ¡Ces, ces!

Las trilladoras zumban a lo largo del sembradío.

Una cosechadora ruge a través de los **cultivos** de grano.

Una rociadora sisea mientras rocía los cultivos.

Las máquinas se unen. ¡Clonc, clonc!

JOHN DEERE
CCS Seed Delivery

# La cosecha es descargada en un camión. ¡Zuum!

**Los camiones de carga retumban llevando la cosecha.**

# Glosario

**cultivos:** Los cultivos son plantas, como el trigo o las papas, que usualmente son sembradas en grandes cantidades.

**granjas:** Una granja es un lugar donde se cultivan plantas o se crían animales.

**motor:** Un motor utiliza combustible para producir la fuerza necesaria para que una máquina se mueva.

**trilladoras:** Las trilladoras son máquinas que cortan y recolectan cultivos.

# Índice analítico

# Apoyos de la escuela a los hogares para cuidadores y maestros

Este libro ayuda a los niños en su desarrollo al permitirles practicar la lectura. Abajo están algunas preguntas guía para ayudar al lector a fortalecer sus habilidades de comprensión. En rojo hay algunas opciones de respuesta.

## Antes de leer:

- **¿De qué pienso que tratará este libro?** *Pienso que este libro es sobre grandes máquinas para el campo. Pienso que este libro es sobre tractores.*
- **¿Qué quiero aprender sobre este tema?** *Quiero aprender a manejar un tractor. Quiero aprender cuál es la máquina para el campo más importante.*

## Durante la lectura:

- **Me pregunto por qué...** *Me pregunto por qué las máquinas para el campo hacen mucho ruido. Me pregunto por qué las rociadoras rocían los cultivos.*
- **¿Qué he aprendido hasta ahora?** *Aprendí que puedes enganchar dos máquinas. Aprendí que los campesinos colocan la cosecha en camiones.*

## Después de leer:

- **¿Qué detalles aprendí de este tema?** *Aprendí que las máquinas grandes para el campo pueden avanzar sobre el lodo. Aprendí que las trilladoras atraviesan el sembradío de un lado a otro.*
- **Lee el libro de nuevo y busca las palabras del vocabulario.** *Veo la palabra **trilladoras** en la página 12 y la palabra **cultivos** en la página 15. Las demás palabras del vocabulario están en la página 23.*

---

**Library and Archives Canada Cataloguing in Publication**
Title: Máquinas grandes para el campo / de Tracy Nelson Maurer ; traducción de Pablo de la Vega.
Other titles: Big farm machines. Spanish
Names: Maurer, Tracy Nelson, 1965- author. | Vega, Pablo de la, translator.
Description: Series statement: Máquinas grandes | Translation of: Big farm machines. | Includes index. | "Un libro de el semillero de Crabtree". | Text in Spanish.
Identifiers: Canadiana (print) 20210234717 | Canadiana (ebook) 20210234725 | ISBN 9781039617964 (hardcover) | ISBN 9781039618008 (softcover) | ISBN 9781039618046 (HTML) | ISBN 9781039618084 (EPUB) | ISBN 9781039618121 (read-along ebook)
Subjects: LCSH: Agricultural machinery—Juvenile literature.
Classification: LCC S675.25 .M3818 2022 | DDC j631.3/7—dc23

**Library of Congress Cataloging-in-Publication Data**
Names: Maurer, Tracy Nelson, 1965- author. | Vega, Pablo de la, translator.
Title: Máquinas grandes para el campo / Tracy Nelson Maurer ; traducción de Pablo de la Vega.
Other titles: Big farm machines. Spanish
Description: New York, NY : Crabtree Publishing Company, [2022] | Series: Máquinas grandes - un libro el semillero de Crabtree | Includes index.
Identifiers: LCCN 2021025821 (print) | LCCN 2021025822 (ebook) | ISBN 9781039617964 (hardcover) | ISBN 9781039618008 (paperback) | ISBN 9781039618046 (ebook) | ISBN 9781039618084 (epub) | ISBN 9781039618121
Subjects: LCSH: Agricultural machinery--Juvenile literature.
Classification: LCC S675.25 .M3818 2022 (print) | LCC S675.25 (ebook) | DDC 631.3--dc23
LC record available at https://lccn.loc.gov/2021025821
LC ebook record available at https://lccn.loc.gov/2021025822

**Crabtree Publishing Company**
www.crabtreebooks.com 1–800–387–7650

**Published in the United States**
**Crabtree Publishing**
347 Fifth Ave.
Suite 1402-145
New York, NY 10016

**Published in Canada**
**Crabtree Publishing**
616 Welland Ave.
St. Catharines, Ontario
L2M 5V6

**Written by** Tracy Nelson Maurer
**Translation to Spanish:** Pablo de la Vega
**Spanish-language layout and proofread:** Base Tres
**Print coordinator:** Katherine Berti
Printed in the U.S.A./092021/CG20210616

Print book version produced jointly with Blue Door Education in 2022



Photo credits: Cover photo and page 8-9 ©Shutterstock.com/NanoStock; page 2-3 ©Shutterstock.com/smereka; page 4-5 ©Shutterstock.com/oticki; page 6-7 ©Shutterstock.com/Jurgis Mankauskas; page 10-11 ©Shutterstock.com/Bonita R. Cheshier; page 12-13 ©Shutterstock.com/Kharlanov Evgeny; page 14-15 ©Shutterstock.com/Lyudvig Aristarhovich; page 16-17 ©Shutterstock.com/gubernat. page 18-19 ©Shutterstock.com/jetcityimage. page 20-21 ©Shutterstock.com/al7. page 22 ©Shutterstock.com/brians101